Linda Schaumburg

Die drei Guayanas: Französisch-Guyana, Suriname, Guyana

Exkurs zu den Îles du Salut

Bibliografische Information der Deutschen Nationalbibliothek:

Die Deutsche Bibliothek verzeichnet diese Publikation in der Deutschen Nationalbibliografie; detaillierte bibliografische Daten sind im Internet über http://dnb.d-nb.de/ abrufbar.

Impressum:

Copyright © 2011 GRIN Verlag, Open Publishing GmbH
Druck und Bindung: Books on Demand GmbH, Norderstedt Germany
ISBN: 978-3-656-25288-7

Dieses Buch bei GRIN:

http://www.grin.com/de/e-book/198609/die-drei-guayanas-franzoesisch-guyana-suriname-guyana

Johannes Gutenberg-Universität Mainz
Geographisches Institut
Regionalseminar Karibik-Brasilien
WS 2010/11

DIE DREI GUAYANAS

MIT EXKURS ZU DEN ÎLES DU SALUT

INHALTSVERZEICHNIS

1. ÜBERBLICK ÜBER „DIE DREI GUYANAS"

1.1. BEGRIFFSERKLÄRUNG UND LAGE

Die Guayanas liegen im Nordosten Südamerikas, zwischen dem zweiten und achten Breitengrad nördlich des Äquators. In älteren Darstellungen wird oft von der „Insel Guayana" gesprochen. Darunter versteht sich ein Gebiet, welches im Osten und Nordosten durch den Atlantischen Ozean, in südlicher und westlicher Richtung durch die Flüsse Amazonas und Orinoco begrenzt wird (SONNENKALB 1964: 110). Der Name Guayana stammt von den Indianern ab.

Die Einen deuten ihn als „Von Wasser umgebenes Land", die Anderen als „Land ohne Namen" oder gar „Göttliches Land" (BINDER 1979: 241). Heute gilt diese Bezeichnung als Sammelname für die drei ehemaligen Kolonialgebiete (SONNENKALB 1964: 110).

Die drei Gebiete liegen im Nordosten Südamerikas, im heißesten Teil des Kontinents und sind mit dichtem Regenwald bedeckt. Allen dreien ist ein 20-80km breiter, flacher Küstenstreifen gemein, auf dem rund 90% ihrer Bewohner leben und hauptsächlich Landwirtschaft betreiben. Daran angrenzend steigt das Land stufenförmig an bis zu den Gebirgen im Westen und im Süden, die gleichzeitig auch Grenze und Wasserscheide zum Amazonasbecken darstellen. Mit 2810 Metern ist Roraima der höchste Berg und liegt genau im Länderdreieck von Brasilien, Venezuela und Guyana (BINDER 1979: 242).

In der vorliegenden Hausarbeit soll zu Beginn ein Überblick über die Geschichte der drei Länder gegeben werden, die zumindest in den Anfängen für alle ähnlich ist. Anschließend werde ich auf verschiedene geographische Aspekte eingehen, wie der Bevölkerungszusammensetzung, der wirtschaftlichen Lage und der physischen Ausstattung der Länder. In einem kleinen Exkurs gehe ich auf die Französisch-Guyana vorgelagerten Îles du Salut ein.

1.2. GESCHICHTE DER DREI GUYANAS

Im Gegensatz zu den meisten anderen Ländern Südamerikas konnten die Spanier in den Guyana-Ländern langfristig keinen Einfluss geltend machen. Sie wurden von Briten, Franzosen und Niederländern kolonialisiert und geprägt.

Die Geschichte der Entdeckung Guayanas und des gesamten südamerikanischen Kontinents beginnt 1498 mit der dritten Fahrt Kolumbus' über den Atlantik. Bereits mehrere Jahrhunderte vor der Entdeckung Amerikas durch Christoph Kolumbus lebten einige Indianerstämme in dem heutigen Gebiet der Guyanas. Dabei soll der Stamm der Arawaks, der etwa um 1500-1000 v. Chr. in den Norden Südamerikas vordrang, zahlenmäßig am größten gewesen sein. Sie wurden durch die spanischen Eroberer als friedlich charakterisiert. Im Vergleich dazu kamen die Kariben später in die Region und unterwarfen die ansässigen Stämme. Sie wurden als kriegerisch und aggressiv bezeichnet. Im Landesinneren finden sich viele kleinere indigene Volksgruppen, die bis heute sehr abgeschieden leben (SCHRÖDER 2010: 22).

Auf seiner dritten Amerikareise 1498 drang Christoph Kolumbus weiter nach Süden als zuvor und erreichte am 31. Juli 1498 mit der Mündung des Orinocos die Nordküste des heutigen Venezuelas. Im darauffolgenden Jahr erkundeten Amerigo Vespucci und Alonso de Hojeda die Küste von Venezuela bis zu den Guyanas. Wegen der ungünstigen Bedingungen, wie Schlammküsten und unwegsames Gelände, verloren die Spanier hier schnell das Interesse (SCHRÖDER 2010:22).

Im 16. und 17. Jahrhundert reisten besonders die Niederländer und Engländer in die Karibik und legten Pausen an der Küste Surinames ein, um Handel mit den Einheimischen zu treiben. Die Niederländer bauten 1613 eine kleine Handelsniederlassung und verstärkten diese vor Angriffen mit einem Fort. Eine dauerhafte Besiedelung gelang den Europäern dennoch nicht, dazu waren das Klima und die tropischen Krankheiten, sowie die Überfälle durch die Indianer zu stark. Erst 1651 schafften es die Briten, im heutigen Suriname eine Siedlung zu errichten. Sie nahmen das alte Fort der Niederländer ein und vertrieben die Indios. Nachdem insbesondere durch die Niederländer das Sumpfland an der Küste entwässert wurde, konnten Zuckerrohrplantagen errichtet werden. Von 1665-1667 brach ein Englisch-Niederländischer Krieg um die Territorien der heutigen Guyana-Staaten, aber auch um andere Überseegebiete der beiden Länder, aus. Dabei besetzten die Niederländer am 27.2.1667 das Fort. Am 31.7.1667 schlossen die die Kriegsparteien in Europa den Frieden von Breda. Die Briten traten ihre territorialen Ansprüche an die Niederländer ab und erhielten im Gegensatz die bis dato niederländische Siedlung New Amsterdam. Diese festgelegte Verteilung der Gebietseinheiten wurde am 19.2.1674 im Frieden von Westminster erneut geändert (SCHRÖDER 2010: 23).

Seit 1667 besetzten auch die Franzosen dauerhaft die Küste, im Gebiet des heutigen Französisch-Guyana.

Es folgten zahlreiche blutige Auseinandersetzungen um die Gebiete, vor allem zwischen Briten und Niederländern. Daher unterzeichneten alle drei Staaten 1814 einen Friedensvertrag auf dem Wiener Kongress, um mehr Stabilität in die Region zu bringen. Dabei einigten sich die Niederländer und die Engländer auf die bis heute gültige Einteilung. England bekam British Guyana (heute Guyana) und die Niederländer das Gebiet des heutigen Suriname (SCHRÖDER 2010:24).

Im Verlauf des 19. Jahrhunderts kam es zu einigen Siedlungsgründungen in Niederländisch Guyana. Als eine der letzten europäischen Nationen schafften die Niederländer die Sklaverei 1863 ab, allerdings waren die ehemaligen Sklaven nicht frei, sondern mussten noch 10 Jahre gegen Lohn auf den Plantagen arbeiten. Nach ihrer endgültigen Freilassung zogen die meisten von ihnen in die Hauptstadt Paramaribo. Zu diesem Zeitpunkt kamen viele Inder in die Niederländische Kolonie, aber auch in die anderen zwei Kolonialgebiete. Sie sollten die Arbeiter auf den Plantagen aber auch in den Bergwerken ersetzen. Außerdem verfügten sie über handwerkliches oder sogar administratives Know-How und bildeten so die Mittelschicht. Ab 1916 wurden vermehrt Arbeiter aus Niederländisch Ostindien geholt, vorwiegend aus Java (SCHRÖDER 2010: 26ff.).

Französisch-Guyana ist das kleinste der drei Gebiete mit einer Fläche von 91.000km². Als Übersee-Departement untersteht Französisch-Guayana seit 1946 der zentralistischen Verwaltung des Mutterlandes und hat somit keine eigene Verfassung (SONNENKALB 1964: 110).

Nach dem zweiten Weltkrieg wurde in Niederländisch Guyana der Wunsch nach Unabhängigkeit immer größer. Ab 1946 bildeten sich die ersten Parteien, welche damals aber noch eher die Interessen der ethnischen Bevölkerungsgruppen vertraten. 1955 erließ die niederländische Regierung das „Königsreichsstatut“, nach welchem alle Kolonien die „Selbstverwaltung in eigenen Angelegenheiten“ eingeräumt wurde. Die aus Indien stammende Bevölkerung stellt dabei den größten Anteil in Niederländisch Guyana dar und beanspruchte die größte Macht im neuen Parlament. Während des Unabhängigkeitsprozesses emigrierte fast ein Drittel der Bevölkerung aus Angst vor Unruhen und wirtschaftlichem Niedergang in die Niederlande. Am 25.11.1975 erlangte Niederländisch Guyana die Unabhängigkeit (SCHRÖDER 2010: 26ff.). Mittlerweile scheint die politische Stabilität gesichert zu sein, ist allerdings durch die Vielzahl an Ethnien nie ganz gewährleistet. Diese leben noch immer stark segregiert voneinander (SCHRÖDER 2010: 29).

Guyana, früher British-Guyana, ist mit 214.980km² und Einwohnern die größte der drei Kolonien an Fläche und Einwohnerzahl. Seit 1958 hat es eine eigene Verfassung. 1966 erlang Guyana die Unabhängigkeit und besitzt seit 1970 den Status „Kooperative Republik“. Im Jahr 2000 erst kam es zu erneuten Territorialstreitigkeiten mit Suriname (SCHRÖDER 2010: 13f.).

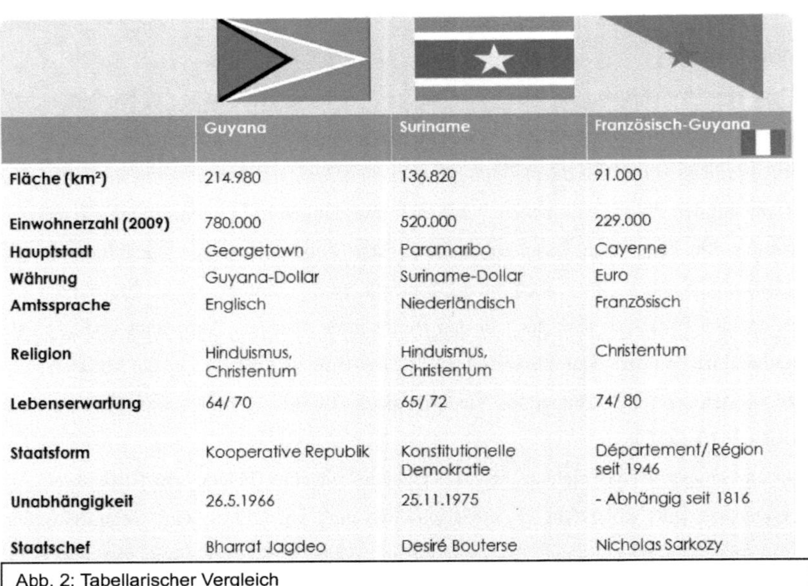

	Guyana	Suriname	Französisch-Guyana
Fläche (km²)	214.980	136.820	91.000
Einwohnerzahl (2009)	780.000	520.000	229.000
Hauptstadt	Georgetown	Paramaribo	Cayenne
Währung	Guyana-Dollar	Suriname-Dollar	Euro
Amtssprache	Englisch	Niederländisch	Französisch
Religion	Hinduismus, Christentum	Hinduismus, Christentum	Christentum
Lebenserwartung	64/ 70	65/ 72	74/ 80
Staatsform	Kooperative Republik	Konstitutionelle Demokratie	Département/ Région seit 1946
Unabhängigkeit	26.5.1966	25.11.1975	- Abhängig seit 1816
Staatschef	Bharrat Jagdeo	Desiré Bouterse	Nicholas Sarkozy

Abb. 2: Tabellarischer Vergleich
Quelle: Eigene Darstellung nach www.cia.gov und www.insee.fr

1.3. BEVÖLKERUNGSZUSAMMENSETZUNG

1.3.1 Die Indigene Bevölkerung

Die Besiedlung Amerikas erfolgte vor schätzungsweise 15.000 bis 20.000 Jahren, kurz nach der letzten Eiszeit, als die Beringstraße noch zu Fuß überquert werden konnte. Mit der Entdeckung Amerikas durch die Kolonialmächte setzte unter den Ureinwohnern das Massensterben ein. Kolumbus musste feststellen, dass vier Jahre nach seiner ersten Reise bereits 6 von 7 indigenen Stämmen gestorben waren. Neben kriegerischen Handlungen und Zwangsarbeit, gelten eingeschleppte Krankheiten, wie Pocken, Pest, Grippe, Masern, als Gründe für das Massensterben (SCHRÖDER 2010:17f.). Erst ab 1800 stabilisierte sich die Zahl der Indios wieder, ein Bevölkerungsanstieg ist allerdings nicht mehr erfolgt.

1.3.2 Afrikaner

Die Ansiedlung von ursprünglich afrikanischen Einwohnern hängt stark mit dem Plantagenbau im nördlichen Südamerika und vor allem für den karibischen und brasilianischen Raum mit dem Anbau von Zuckerrohr zusammen.

Als sich herausgestellt hatte, dass die Indios für die Plantagenarbeit nicht zu gebrauchen waren, wurde für diese Arbeit auf die bereits bewährten Sklaven aus Afrika zurückgegriffen. Sie waren die einzigen, die die Plantagenarbeit zumindest für eine gewisse Zeit überlebten. Es entwickelte sich ein sogenannter Dreieckshandel, bei dem in Europa vor allem billige Waren eingeladen und in Afrika gegen günstige Sklaven getauscht wurden. In Amerika wurde diese dann gegen Gold, Silber, Zucker oder Rum eingetauscht, welche nach Europa transportiert wurden. So kam es zur massenhaften Deportation afrikanischer Einwohner nach Südamerika. Um 1640 gab es bereits um die 70.000 Afrikaner hier (SCHRÖDER 2010: 18f.).

1.3.3 Die Europäer

Seit 1492 übten die Europäer eine prägende Rolle in Amerika aus, waren aber zahlenmäßig eine lange Zeit unterlegen. Ihre Zahl stieg nur allmählich an durch eine ständige Migration und höheren Geburtenüberschuss. Erst durch die Massenmigration im 17. und 18. Jahrhundert vervielfachte sich ihre Zahl. Eines der Hauptziele dabei war Brasilien, der Norden Südamerikas blieb aufgrund der schwierigen klimatischen Bedingungen verschont. Der sprunghafte Anstieg ab 1930 ist auf die bessere medizinische Versorgung zurückzuführen. Damit einhergehen dann auch eine geringerer Sterbequote sowie eine geringere Kindersterblichkeit (SCHRÖDER 2010: 20).

1.3.4 Die Asiaten

In Asien herrschten Bevölkerungsdruck, Armut und Hungersnöte. So wurde für viele Asiaten nach dem Ende der Sklaverei Südamerika zu einem interessanten Ziel. Während die Europäer mehr die milden Klimate im Süden Südamerikas oder in Nordamerika präferierten, zog es die Asiaten in den heißen Norden Südamerikas. Unterstützend wirkte, dass die Kolonialmächte im Norden gute Handelsbeziehungen nach Asien verfügten und so an günstige Arbeitskräfte gelangten. Hierbei spielten vor allem Inder, Indonesier und Malaien eine Rolle (SCHRÖDER 2010: 21).

2. WIRTSCHAFTLICHE ASPEKTE IN DEN GUYANA-LÄNDER

2.1 NATÜRLICHE RESSOURCEN

Im nördlichen Südamerika kommen Rohstoffe wie Erdöl und Erdgas, Eisenerze, Bauxit, Mangan, Steinkohle, Gold und Diamanten, sowie Holz vor. Abgebaut werden sie bisher er vor allem im Küstenbereich (MICHAEL 2008: 214). Internationale Bedeutung haben insbesondere die Bauxitvorkommen.

2.2 INDUSTRIELLE PRODUKTION

Bis auf einige Küstenbereiche, in denen Zuckerrohr, Bananen, Reis und Mais angebaut werden, ist Französisch-Guyana fast komplett mit Wald bedeckt. Aufgrund von fehlender Infrastruktur ist das Vordringen in das Landesinnere fast ausschließlich auf dem Wasserweg möglich. Der wichtigste agrarische Produktionszweig hier ist der Zuckerrohranbau. Die industrielle Produktion beschränkt sich bisher nur auf die Goldgewinnung und die Rumdestillation. Dabei ist die Goldgewinnung in den letzten Jahrzehnten allerdings zurückgegangen (www.cia.gov). Französisch-Guyana besitzt außerdem Bauxitreserven, welche auf 100 Mio. Tonnen geschätzt wurden. Die Bauxitlagerstätten befinden sich etwa 50 Km von der Küste entfernt und sind verkehrsgünstig zu erreichen. In der Nähe der Hauptstadt Cayenne wurden Eisenerzlager sowie Erdölvorkommen entdeckt. Allerdings fehlt es noch an Kapital sowie an Arbeitskräften, um den Abbau zu beginnen (SCHRÖDER 2010: 92).
Früher war in Suriname der Großteil der Bevölkerung in der Landwirtschaft tätig. Hier wurden vor allem Reis, Zucker und Zitrusfrüchte angebaut. Seit jedoch die Bauxitvorkommen entdeckt wurden, wird die Wirtschaft in Suriname von der Bergbauindustrie dominiert. Über 85% der Exporte stellen den Export von Aluminium, Gold und Erdöl dar. Insgesamt wurden die Bauxitreserven hier auf etwa 250 Mio. Tonnen geschätzt. Zwischen 1952 und 1960 brachte Bauxit 80% des Gesamtexportwertes ein, Hauptabnehmer waren die USA (www.cia.gov).

Es wurden neben einem Staudamm am Suriname-River, einem Großkraftwerk zur Stromerzeugung auch ein Aluminiumwerk gebaut. Mittlerweile sollen weitere Staudämme und ein Bauxitwerk im Westen Surinames errichtet werden (www.cia.gov).

Guyana ist wie Französisch-Guyana fast vollständig bewaldet. Dennoch ist die Holznutzung aufgrund der schwierigen Verkehrserschließung noch sehr gering. Der größte Teil der Bevölkerung lebt in der Küstenregion und betreibt auf etwa 1% der Landesfläche Landwirtschaft. Zucker und Reis bilden die Hauptanbauprodukte in Guyana. Auch in Guyana gibt es Bauxitvorkommen. Im Jahr 1933 wurden bereits 42.000t gefördert und die Bauxitindustrie erreichte 1962 mit 3 Mio. Tonnen ihr Maximum. Der Rohstoff wird auch hier überwiegend als Rohprodukt exportiert. Neben Bauxit werden auch Gold und Diamanten abgebaut, die Mengen sind jedoch gering. Weiterhin werden hier aber auch Manganerze abgebaut, die Vorkommen wurden auf 4 Mio. Tonnen geschätzt (www.cia.gov).

2.3 WIRTSCHAFT HEUTE

Obwohl Französisch-Guyana, Suriname und Guyana aufgrund unterschiedlicher Prägung durch die Kolonialmächte und der unterschiedlichen wirtschaftlichen Weiterentwicklung nicht direkt miteinander vergleichbar sind, lassen sich doch ein paar Gemeinsamkeiten feststellen. Alle drei Staaten sind durch einen kleinen Binnenmarkt und geringe wirtschaftliche Diversifizierung stark abhängig von den Industrienationen. Die verarbeitende Industrie fehlt, exportiert werden vor allem Primärgüter, wohingegen Industriegüter importiert werden müssen. Damit die Anbindung an den Weltmarkt erfolgen kann, muss die Wirtschaft stärker diversifiziert werden und die Weiterverarbeitung der Primärgüter im Land geschehen. Notwendig ist es weiterhin in Bildung zu investieren, um Fachkräfte ausbilden zu können (SCHRÖDER 2010: 86). Die im Folgenden vorgestellten Daten lassen sich leider nicht ganz problemlos miteinander vergleichen, da sie aus unterschiedlichen Quellen stammen und sich auf unterschiedliche Jahre beziehen.

2.3.1 Französisch-Guyana

Französisch-Guyana ist hochgradig von seinem Mutterland und EU-Geldern abhängig. Da die Wettbewerbsfähigkeit weit hinter der der EU liegt, werden landwirtschaftliche Branchen, die bereits am meisten Struktur hatten, durch verschiedene Programme gefördert. Zum Beispiel existiert POSEIDOM, das Programm zur Lösung der spezifischen auf Insellage und Abgeschiedenheit zurückzuführende Probleme der überseeischen Departements. Im Rahmen des POSEIDUM werden hier vor allem Zuckerrohr- und

Rumproduktion, sowie Reis und Bananenanbau unterstützt. Ein wirtschaftlicher Aufschwung kam 1968 mit dem Bau eines Raktenabschussgeländes der ESA (European Space Agency) in Kourou. Sie ist heute der wichtigste Wirtschaftsfaktor des Landes (SCHRÖDER 2010: 85).

Im zweiten Drittel 2009 herrschte in Französisch-Guyana eine Arbeitslosenrate von 20,5%. Das Bruttoinlandsprodukt steigerte sich von 3, 095 Mio. in 2008 auf 3,12 Mio. € in 2009 (www.insee.fr). Nur 0,17% der Landfläche Französisch-Guyanas werden landwirtschaftlich genutzt, so ist es nicht verwunderlich, dass der Dienstleistungssektor mit knapp 40 % des regionalen BIP viel wichtiger ist, als die Agrar-, Forst- und Fischwirtschaft. Obwohl 89% der Landesfläche von tropischem Regenwald bedeckt sind, wird die Ausweitung der Forstwirtschaft durch fehlende Infrastruktur behindert. Das wenige produzierte Naturholz wird vor allem in die Antillen exportiert (SCHRÖDER 2010: 85).

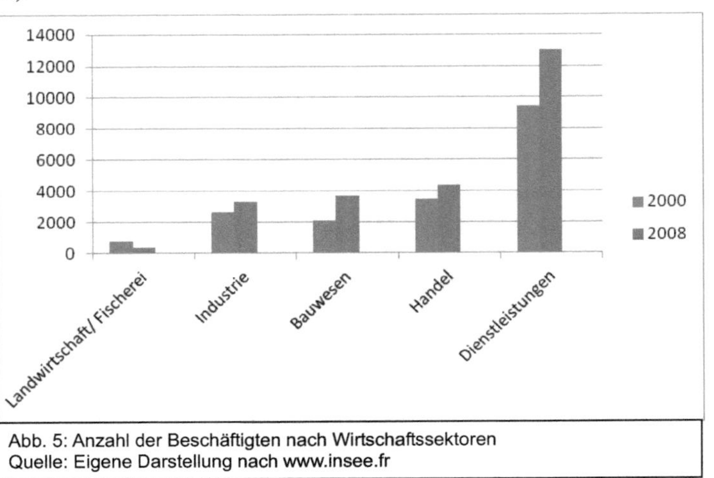

Abb. 5: Anzahl der Beschäftigten nach Wirtschaftssektoren
Quelle: Eigene Darstellung nach www.insee.fr

Darüber hinaus ist das Überseedepartement von Importen abhängig. 2008 wurden Waren im Wert von über 1 Milliarde € importiert. Neben Konsumgütern stellten den weitaus größten Anteil Ausstattungsgüter dar, wie Transportmittel, elektrische Ausstattung oder landwirtschaftliche Maschinen (www.insee.fr).

Fischerei jedoch ist zumindest in Hinsicht auf den Export bedeutend. Sein Anteil steht mit 18% hinter Gold auf Platz Zwei. Die Wirtschaftszone umfasst dabei 130.000km² und wird zum einen auf traditionelle Art mit Pirogen, zum anderen mit spezialisierten Flotten bewirtschaftet. Neben dem Fang des Schnappers ist vor allem die Garnelenfischerei von Bedeutung (SCHRÖDER 2010:86).

Der Tourismus spielte bislang für die Wirtschaft eine eher untergeordnete Rolle und beschränkte sich vor allem auf den sogenannten Ökotourismus. Im Jahr 2007 kamen 108.800 Touristen in das Département, von denen fast die Hälfte berufliche Gründe für die Reise angaben, 35% berufliche Gründe in Bezug auf das Centre Spatial. Erwähnenswert ist weiterhin, dass knapp 70% von ihnen bei Familie, Freunden oder Kollegen übernachteten (www.insee.fr).

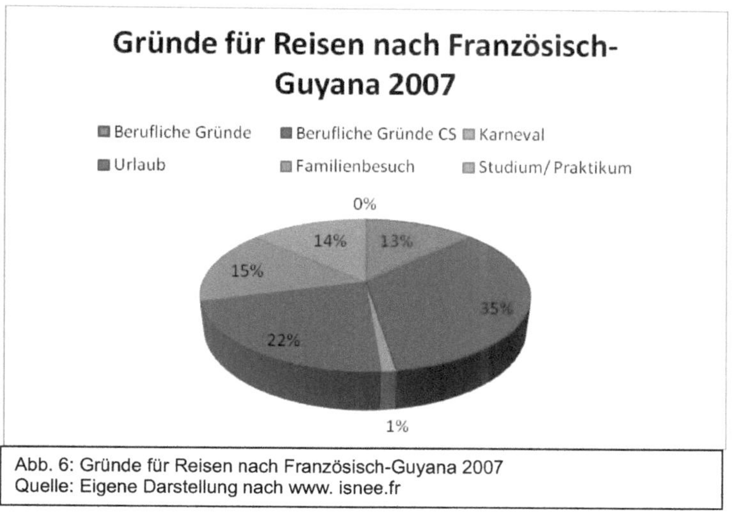

Abb. 6: Gründe für Reisen nach Französisch-Guyana 2007
Quelle: Eigene Darstellung nach www. isnee.fr

Obwohl Französisch-Guyana von subventionierten Importen wie Lebensmitteln aus Europa abhängig ist, darf man nicht außer Acht lassen, dass die Sozialstandards denen Frankreichs entsprechen. Sie sind mit den Standards in Guyana und Suriname nicht vergleichbar (SCHRÖDER 2010: 15).

2.3.2 Suriname

Die Wirtschaft Surinames ist wenig diversifiziert und hängt hauptsächlich von der Förderung und dem Export von Bauxit und Gold, weniger von Agrar-, Forst- und Fischwirtschaft ab. Die Hauptexportgüter stellen Aluminium, Garnelen, Reis, Bananen, Gold und Rohöl dar. Aufgrund des schrittweisen Abbaus der Präferenzregeln und der zunehmenden internationalen Konkurrenz sind Fischerei und Landwirtschaft bedroht (SCHRÖDER 2010: 84).

Über 90% von Surinames Oberfläche sind mit tropischem Regenwald bedeckt, was einer Fläche von 14, 8 Mio. Hektar entspricht. Davon wurden etwa 4 Mio. Hektar von der Regierung zur Bewirtschaftung freigegeben. Die forstwirtschaftlichen Eingriffe in den hauptsächlich staatseigenen Regenwald sind allerdings unbedeutend. Die größere Gefährdung für dieses Ökosystem geht vom Abbau der Bodenschätze aus.

Nur etwa 11% der Landesfläche haben Potential für eine agrarische Nutzung, sie liegen fast ausschließlich in den Küstenebenen oder entlang der Flüsse.

Die Fischerei stellte bisher einen wichtigen Sektor in Surinames Wirtschaft dar, allerdings gehen die Zahlen aufgrund von Überfischung und steigenden Unterhaltungskosten für die Schiffsflotten zurück. Fisch stellt neben dem Export in Suriname auch eine wichtige Grundlage für die Versorgung der Bevölkerung dar (SCHRÖDER 2010: 85).

2004 lag die Arbeitslosenrate bei 9,5%. Das BIP lag 2007 bei 3,136 Mrd. $.

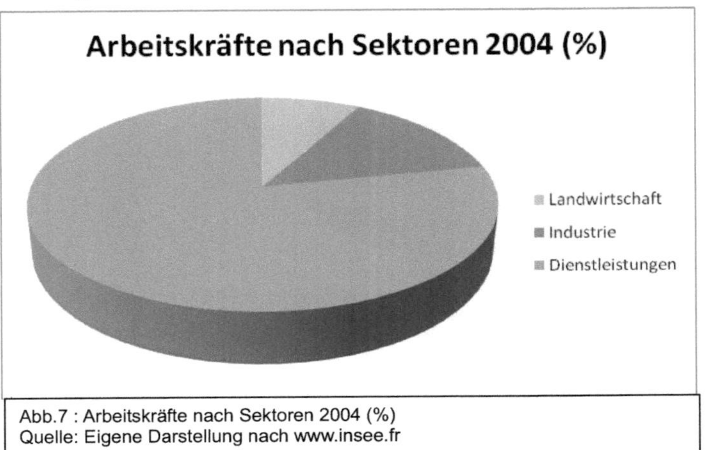

Abb.7 : Arbeitskräfte nach Sektoren 2004 (%)
Quelle: Eigene Darstellung nach www.insee.fr

2006 stellten die bedeutendsten Exporte Aluminium, Bauxite, Gold, Rohöl und Reis dar. Wichtige Handelspartner waren Canada (35%), Belgien (15%) und die USA (10%). Importiert wurden vor allem Konsumgüter, Petroleum, Essen und Baumwolle. Wichtige Handelspartner für den Import waren USA (30%), Niederlande (9%), Trinidad & Tobago (13%) und China (7%) (www.cia.gov).

2.3.3. Guyana

Die Wirtschaft Guyanas ist ebenso von mangelnder Diversifizierung, einem zu kleinen Binnenmarkt und einer starken Abhängigkeit von Importen und internationalen Markt- und Preisschwankungen geprägt (www.auswaertiges-amt.de). Wichtigstes Exportprodukt ist Gold mit 25%, gefolgt von Rohrzucker mit 23% und Fisch mit 10%. Importiert werden vor allem Konsum- und Kapitalgüter sowie Treibstoff. Guyana ist Mitglied in der Karibischen Gemeinschaft CARICOM. Die wichtigsten Handelspartner für den Import waren 2008 die USA (25%), Trinidad & Tobago (23%), Cuba und China (je 6%), die wichtigsten Handelspartner bezüglich der Exporte waren Kanada (27%), USA (17%) und Großbritannien (10%) (www.cia.gov).

Die wichtigsten agrarischen Produkte Guyanas sind Zucker und Reis. Spirituosen und Produkte der Viehzucht spielen nur eine untergeordnete Rolle. Aufgrund der technisch veralteten und teuren Produktion und der Subvention des europäischen Zuckerrohranbaus ist Guyana auf dem Weltmarkt nicht konkurrenzfähig, hält aber dennoch an diesem Industriezweig fest. Der Fischereisektor wächst vor allem durch die Zunahmen im Garnelenfang, der sich von 2006 auf 2007 fast verdoppelt hat. Da Fisch allerdings als Grundnahrungsmittel in diesem Land zählt, geht der Großteil für den Eigenbedarf drauf (SCHRÖDER 2010:84f.).

2007 herrschte eine Arbeitslosigkeit von 11%. Genauere Daten für die Anzahl der Erwerbstätigen in den einzelnen Wirtschaftssektoren waren leider nicht verfügbar. 2008 lag das Bruttoinlandsprodukt bei 4,834 Mrd. $ (www.cia.gov)

3. NATURRÄUMLICHE GLIEDERUNG DER GUYANA-LÄNDER

3.1 GEOLOGIE

Der geologische Aufbau Südamerikas lässt sich in drei große geologische Regionen untergliedern. Sie sind gleichzeitig auch tektonische und naturräumliche Großeinheiten:
Die alten Schilde, die jungen Hochgebirge und die ebenfalls geologisch jungen Sedimentationsbecken.
Entlang der Pazifikküste erhebt sich das geologisch gesehen junge Gebirge der Anden. Es wurde im Tertiär gehoben und ist bestimmt durch den tektonisch aktiven Kontinentalrand. Intensiver Vulkanismus und heftige Erdbeben kennzeichnen diese Region noch heute (ZEIL 1986: 26). Die Sedimentationsbecken stellen die zweite Großeinheit dar. Sie werden nach ihren Hauptvorflutern benannt: Orinocobecken, Amazonasbecken und La-Plata-System.
Für diese Hausarbeit relevanter sind die präkambrischen Kratone, die die tektonisch ruhigen Krustenteile darstellen. Ihre innere Struktur ist seit ungefähr 500 Millionen Jahren unverändert, denn seit Ende des Präkambriums fand keine Gebirgsbildung mehr statt. Danach wurden die einzelnen Blöcke nur noch durch Bruchbildung zerlegt. Zwischen und auf den

präkambrischen Gesteinsserien liegen meist dünne Sedimentserien von überwiegend terrestrischer Fazies. Hier gibt es weder Erdbeben noch aktiven Vulkanismus (ZEIL 1986: 26). Die Schilde oder Kratone sind in den ersten 3,5 Milliarden Jahren der Erdgeschichte entstanden. Während der langen Epoche des Präkambriums wurden sie häufig verformt und metamorphisiert. Heute sind es herausgehobene Gebiete, die durch tektonische Bewegungen in unterschiedliche Krustenlagen gebracht wurden (ZEIL 1986: 27).

Das Gebiet der drei zu behandelnden Staaten befindet sich weitestgehend auf dem Guayana-Schild. Zwischen 8° nördlicher Breite und dem Äquator erstreckt sich über die Staaten Kolumbien, Venezuela, Brasilien, Guyana, Suriname und Französisch-Guyana diese über 1000 Kilometer lange von West nach Ost streichende Struktur.

Vor rund 1,7 Milliarden Jahren entstanden nach langen Hebungs- und Abtragungsvorgängen die molasseartigen, terrestrischen Serien der Roraima-Formation. Die teils bis zu 2,4 Km mächtige Serie beginnt mit Konglomeraten und Sandsteinen, es folgen Arkose und rote Pelite. Der hangende Teil setzt sich aus hellen Quarziten zusammen. Diese Serie ist meist ungestört und kaum metamorphisiert. Im Gelände formen sich mächtige Schichttafeln und Hochplateaus, umgeben von Steilwänden. Der höchste Punkt liegt 2772m über dem Meeresspiegel (ZEIL 1986: 32f.).

Die Kenntnis über das südamerikanische Präkambrium ist allerdings im Vergleich zu den anderen Schilden der Erde eher gering, da Urwaldgebiete und tiefgründige Verwitterung geologische Studien behindern (ZEIL 1986: 29).

3.2 LANDSCHAFTSEINHEITEN

Guyana, Suriname und Französisch-Guyana lassen sich gleichermaßen in vier Landschaftseinheiten einteilen.

Allen ist ein sehr schmaler Küstenstreifen gemein, der etwa 20-80km breit ist. Er liegt unter dem Meeresspiegel und kann nur mit Hilfe von Drainagesystemen und Deichen trockengehalten werden. Mittlerweile lebt rund 90% der Bevölkerung hier. Die schluffigen und lehmigen Böden sind sehr nährstoffreich und so spielt sich fast die gesamte Landwirtschaft in diesem Bereich ab. Ebenfalls ist ein Großteil der Industrie in dem schmalen Küstenstreifen angesiedelt. Im Nordosten schließt sich daran ein etwas breiterer Sandgürtel an. Er ist geprägt durch auf frühe Meerestransgressionen zurückgehende Sande und bildet damit agrarwirtschaftlich gesehen einen Ungunstraum.

Die dominierende Landschaftsform wird von einem dicht bewaldeten, ungleichmäßigen Plateau, das im Süden des Landes in die Rupununi-Savanna übergeht, gebildet. Hier ist Landwirtschaft nur in Form von Viehzucht möglich.

Als vierte Einheit schließt sich das Bergland von Guyana, die Pakaraima Mountains, an (RATTER 2006: 62f.). Eine Besonderheit im Bergland von Guyana stellen die Tafelberge dar, die von den einheimischen Indianern als „Häuser der Götter" – Tepuis – bezeichnet werden. Diese Tepui sind durch Erosion entstandene, einzeln stehende Tafelberge in Venezuela, Guyana und Brasilien. Sie bestehen meist aus Sandstein und werden durch steile Schluchten charakterisiert (BORSDORF & HÖDL 2006: 139f). Die steilen Hänge grenzen mit scharfen Neigungen von bis zu 80° an die flache Umgebung. Im Unterschied zu dieser tragen sie meist keine nennenswerte Verwitterungsdecke, häufig sind die nackten Felswände sichtbar (ZEPP ³2004:223f.). Im Laufe von Jahrmillionen lagerten sich auf den Graniten und Gneisen des Guyanaschildes mächtige Sandsteindecken ab, die eine Dicke von bis zu 3km erreichten. Heute existieren in der Region über 100 solcher Tafelberge, der höchste von ihnen, Mount Roraima (2810m), liegt genau im Länderdreieck (BORSDORF & HÖDL 2006: 139f).

4. DAS KLIMA IN DEN GUYANA-LÄNDERN

4.1. Klima in den Tropen

Guyana, Suriname und Französisch-Guyana liegen in den Tropen, welche zwischen 23,5° nördlicher und 23,5° südlicher Breite verortet sind.

Aufgrund der gleichmäßig hohen Sonneneinstrahlung in allen Höhenstufen herrschen hier ganzjährig hohe Temperaturen. Dabei sind die jährlichen Temperaturschwankungen sehr gering und betragen in der Regel nicht mehr als 3°C. Man spricht in dieser Region von einem Tageszeitenklima, da die tageszeitlichen Temperaturschwankungen die jährlichen Schwankungen übertreffen. Es wird unterschieden zwischen Warmtropen (Tieflandtropen) und den Kalttropen (kalte Gebirgstropen) (LAUER & BENDIX 2006: 202).

Den thermischen Tropen kann man hygrische Tropen gegenüber stellen, denn die Jahreszeiten sind durch Regen- und Trockenzeiten verschiedener Länge und Intensität geprägt. Es herrscht jedoch während des ganzen Jahres eine hohe Luftfeuchtigkeit. Im Norden Südamerikas ist die

Anzahl arider Monate allerdings geringer als die Anzahl der humiden. Die dauerfeuchten Tropen zeichnen sich durch eine Ausgeglichenheit der Niederschläge aus, der Unterschied zwischen Regen-und Trockenzeit ist hier wenig stark ausgeprägt. Die Wanderung der ITC verursacht hier zwei Regenmaxima (LAUER & BENDIX 2006: 202f.).

In den Gebirgen kommt es mit zunehmender Höhe an den Luvseiten zu Steigungsregen und einer Zunahme der Niederschlagsmenge. Die Ostseite des Guyana-Hochlandes beispielsweise ist durch eine höhere Niederschlagsmenge gekennzeichnet, als die Leeseite. Die aus Nordosten kommenden Passatwinde transportieren feuchte Luftmassen in Richtung Südamerika. Sie treffen auf das Hochland, werden zum Aufsteigen gezwungen und verursachen Niederschlag (SCHRÖDER 2010:59).

Klimadiagramme aus Guyana, Suriname und Französisch-Guyana stellen die beschriebenen Kennzeichen eines feuchten Tropenklimas dar. Man kann gut, den gleichmäßigen, hohen Temperaturverlauf, sowie ständig hohe Niederschläge mit jeweils zwei Maxima erkennen.

4.2   Klimaklassifikation

Die Klimaklassifikation nach Köppen ordnet die Guyana-Region dem A-Klimat zu, dem tropischen Regenklimat. Hier liegt kein Monatsmittel unter 18°C und bei einer mittleren Jahrestemperatur von 15°C/ 20°C/ 25°C fallen mindestens 50/ 60/ 70 cm Regen im Jahr. Es lässt sich noch eine Ebene weiter den Af-Klimaten zu ordnen, den feuchtheißen Urwaldklimaten. Diese sind charakteristisch beständig feucht und haben im regenärmsten Monat noch mindestens 6cm Regen (LAUER & BENDIX 2006: 268).

5. EXKURS: ÎLES DU SALUT

Die Îles du Salut sind eine Gruppe von kleinen Inseln vulkanischen Ursprungs, die ungefähr 11 Kilometer vor der Küste Französisch-Guyanas liegen. Obwohl sie näher an Kourou liegen, gehören sie zur Kommune Cayenne. Insgesamt gibt es drei Inseln, die sich hinter dem Namen Îles du Salut verbergen (BOOKS LLC 2010: 21f.).

Île Royale ist die größte und westlichste der drei Inseln und erstreckt sich auf rund 29ha. Während der Zeit, als die Inseln als Strafkolonien genutzt wurden, war auf dieser Insel das Verwaltungszentrum. Heute gibt es hier auch ein Museum und ein Hotel (BOOKS LLC 2010: 17).

Île Saint-Joseph ist die südlichste der drei Inseln im Atlantischen Ozean. Die Insel ist etwa 20ha groß und mit 30 Metern Höhe die niedrigste der Inseln. Der größte Teil ist mit dichter Vegetation bewachsen (BOOKS LLC 2010: 19).

Île du Diable ist die kleinste und nördlichste der drei Inseln. Île du Diable und Île Royale werden durch den Passe de Grenadines getrennt, Île Royale und Île Saint-Joseph durch den Passe de Désirades.

Wie schon im ersten Kapitel erwähnt starben viele der ersten Siedler an tropischen Krankheiten. Die Überlebenden retteten sich auf die Îles du Salut – den Inseln der Gesundheit. Hier gab es zum einen keine krankheitsübertragenden Moskitos, zum anderen war das KIima bedeutend angenehmer (SCHRÖDER 2010: 15).

Die Inseln wurden jedoch seit dem 27. Mai 1852 unter der Regierung von Napoleon III. als Strafkolonien genutzt und an ihnen haftete seitdem ein Ruf von Brutalität und Härte. Die Inseln wurden nur selten von Wärtern besucht und die Gefangenen mit tropischen Krankheiten sich selbst überlassen (SCHRÖDER 2010: 15). Zusätzlich gab es zu den Gefängnissen auf den Inseln auch noch Einrichtungen am Festland, bei Kourou. Nach einiger Zeit wurde, besonders in der englischsprachigen Welt, nur noch von den „Teufelsinseln“ (Devil's Islands) gesprochen. Während die Strafanstalten in Betrieb waren, gab es neben Dieben und Mördern auch politische Gefangene, die sich beispielsweise Napoleon III's Staatsstreich entgegengesetzt haben. Die meisten der insgesamt über 80.000 Gefangenen der Teufelsinseln verließen diese nicht lebend. Am 30. Mai 1854 trat ein Gesetz in Kraft, dass die Gefangenen zwang, nach Ihrer Entlassung noch einmal die Dauer ihrer Haftzeit als Bürger in Französisch-Guyana zu bleiben. Ab 1885 wurden auch Frauen auf die Teufelsinseln geschickt, die nur geringe Verbrechen begangen hatten. Sie sollten die männlichen Gefangenen heiraten. Da dieser Plan meist nicht aufging, wurde dieses Gesetz 1907 wieder abgeschafft (BOOKS LLC 2010: 3f.).

Seit der sogenannten Dreyfus-Affäre kennt in Frankreich jedes Kind die Teufelsinseln. Alfred Dreyfus war ein französischer Offizier mit jüdischen Wurzeln, der 1894 zu Unrecht des Landesverrats verurteilt. Er wurde zu lebenslanger Verbannung auf die Teufelsinsel geschickt und verbrachte hier die Jahre 1895-1898. Es entflammte ein jahrelanger Kampf, der Frankreich in zwei Lager spaltete. Aufgrund der Hartnäckigkeit seiner Angehörigen und diversen Persönlichkeiten aus Presse und Politik sah sich die französische Regierung schließlich gezwungen, ihn schließlich zu begnadigen. 1901 erschien von Alfred Dreyfus der Roman „Cinq années de ma vie“ (MOMMSEN 2003: 109f.).

Ein weiterer bekannter Inhaftierter war Henri Charrière, auch genannt Papillon. Ihm gelang 1945 die Flucht allein mit zwei Säcken voller Kokosnüsse. Sein 1966 erschienener Bestseller „Papillon" erzählt davon. Dieses Buch wurde 1973 sogar verfilmt, in den Hauptrollen mit Steve McQueen und Dustin Hoffman (NAU 2003: 210f.).

1938 hörte die Französische Regierung auf, Verurteilte nach Südamerika zu schicken und 1952 wurde das Gefängnis endgültig geschlossen. Die meisten der Gefangenen zogen zurück nach Frankreich, nur wenige blieben in Französisch-Guyana.

Mittlerweile hat die CNES Space Agency die historischen Monumente restauriert und es kommen bis zu 50.000 Touristen jedes Jahr (BOOKS LLC 2010: 5).

Literaturverzeichnis

BOOKS LLC (Hrsg.) (2010): Landforms of French Guiana: Devil's Island, Iles du Salut, Ile Royale, Ile Saint-Joseph, Iles du Connetable, Pointe Behague, Approuague. Memphis, Tennessee.

BORSDORF, A. & W. HÖDL (2006): Naturraum Lateinamerika. Geographische und biologische Grundlagen. Wien.

LAUER, W. & J. BENDIX (2 2006): Klimatologie. Neubearbeitung. Braunschweig.

MAM LAM FOUCK, S. & J. ZONZON (Hrsg.) (2006): L'histoire de la Guyane. Depuis les civilisations amérindiennes. Matoury.

MICHAEL, T. (2008): Diercke Weltatlas. Braunschweig.

MOMMSEN, W.J. (2003): Vom Imperialismus bis zum Kalten Krieg. Band 1. Das Zeitalter des Imperialismus. Frankfurt am Main.

NAU, C. (2003): Insellexikon. Königswinter.

RATTER, B.M.W. & A. B. DRÖGE (2008): Guyana. Hamburg.

SCHRÖDER, C. u.a. (2010): Suriname. Bericht zur Hauptexkursion 2009. Arbeitsberichte Geographisches Institut, Humboldt-Universität zu Berlin 157. Berlin.

SONNENKALB, P. (1964): Die drei Kolonialgebiete. Britisch-, Französisch- und Niederländisch-Guayana. In: Geographische Rundschau. 16 (): 110 – 114.

ZEIL, W. (1986): Südamerika. Geologie der Erde, Band 1. Stuttgart.

ZEPP, H. (^{3} 2004): Geomorphologie. Paderborn.

Internetquellen:

BORSDORF, A & H. HOFFERT (2003): Naturräume Lateinamerikas – vom Feuerland bis in die Karibik. Internet (30.1.2011): http://www.lateinamerika-studien.at/content/natur/natur/pdf/geologie.pdf.

Central Intelligence Agency (CIA) (o.J.): World Factbook. Internet (30.01.2011): www.cia.gov.

Institut national de la statistique et des études économiques (INSEE) (o.J.): Guyane francaise. Internet (30.01.2011): www.insee.fr.

Internet (30.01.2011): http://abolition.e2bn.org/library/0711/0000/0006/1009514mid_360.jpg.

Internet (30.01.2011): www.fizzyenergy.com.

Internet (30.01.2011): www.klimadiagramme.de.

Internet (30.01.2011): http://www.tourisme-guyane.com/uploads/media/sites-historiques.jpg

Internet (30.01.2011): www.maps.google.de